I am HUGO.
Happy to meet you.
My name is MRS. Lincoln.
Delighted to meet you.

著訳者略歴

マイラ・カルマン
（Maira Kalman）

1949年生まれ。ニューヨークを代表するイラストレーター、デザイナーです。文芸誌『ニューヨーカー』や『ニューヨーク・タイムズ』などに絵やエッセイを長年寄稿。飼い犬がモデルの『犬のマックス』『犬のピート』シリーズは全米の学校図書館に置かれ、子どもと大人に読み継がれている大ベストセラーです。夫チボーと設立したデザイン事務所〈M & Co.〉では、世界的なロングセラーとなった「内側に青空が描かれた雨ガサ」ほか遊び心あふれる名作を次々と世に送り出しました。

マイラさんのイラストやアート作品はこちらから
http://www.mairakalman.com/

吉田実香
（よしだ みか）

1986年からニューヨークに住む、ライターで翻訳家です。夫のデイヴィッドとともにアンディ・ウォーホル、イサム・ノグチなどの建築、デザインやアートの取材と執筆を数多く手がけています。『Tokyolife』（Rizzoli社）などの英語の本のほか、ほしよりこ著『カーサの猫村さん』の英語訳をウエブで手がけ、同作品は海外でも人気です。
https://casabrutus.com/en/special/nekomura

デイヴィッド・G・インバー
（David G. Imber）

ニューヨーク生まれのジャーナリストです。1990年代より雑誌『カーサ・ブルータス』『ブルータス』等で数多くのアーティストのインタビューを手がけています。日本語から英語への翻訳書『Shigeru Ban : Paper in Architecture』（Rizzoli社）、英語執筆の本に『Suppose Design Office』（FRAME社）などがあります。

赤井稚佳
（あかい ちか）

イラストレーター。エディトリアル分野を中心に活躍中。ユニークなブックイラストレーションが人気です。著書に『Bookworm House & Other Assorted Book Illustrations』（誠光社）などがあります。『STAY UP LATE（ステイ・アップ・レイト）』以来のマイラファン。

作者のマイラ・カルマンはニューヨークでも指折りのイラストレーターでデザイナー。

そんなマイラさんは大の犬ギライ。なのに犬を飼おうと決心したのは、夫のチボーが病に倒れたから。子どもたちの心をなぐさめようと飼いはじめたピンクシャンパーニュ色の毛のピートは、彼女の目と心をたちまち開いていきます。

そして愛するピートも亡くなってから10年がたち、マイラさんの手元には多くの絵が残りました。たくさんの作品のなかに、たくさんの犬を描いていたのです。

この本は2部からなっており、1部はマイラさんとピートの物語、2部はマイラさんが描いてきた犬たちのイラストを集めています。

マイラ・カルマンがこれまで出会い、描いてきた数々の犬たちを1冊に収録した「宝箱」のような1冊です。

そうそう、それから最後に、マイラさんからのすてきなプレゼントがあります。いちばん最初の2ページと最後の2ページにあるたくさんの犬を描いたイラストは、日本の読者に向けての描きおろしで、ピートからみなさんへのメッセージが隠れていますよ。

（訳者　吉田実香）

注:『ステイ・アップ・レイト』のような囲み文字は
初出の雑誌や単行本のタイトルを示しています。

たいせつなきみ

MAIRA KALMAN

創元社

愛しいわが子の

LBK と AOK へ

散歩に出ると、
生きていてよかったと思える
ものにたくさん出会います。
ただ呼吸をし、何も考えず
あたりをながめているだけで
自分自身が風景の一部であることに
とてもおおきな喜びをおぼえます。
町を行きかうたくさんの人たち。
光をあびてまぶしい人たちも
沈んだ人たちも
みんながみんなそれぞれの
役割をもっています。

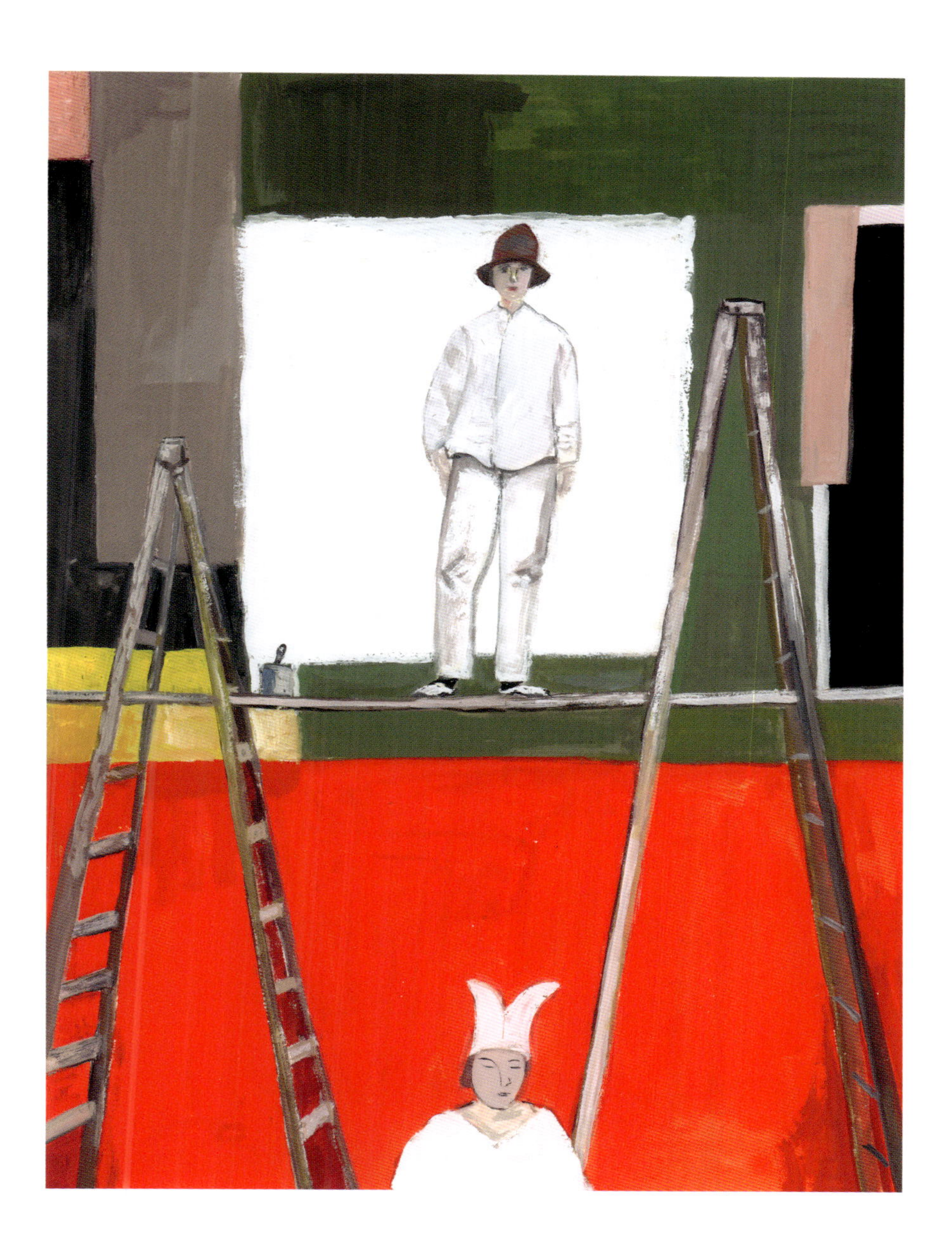

捨てられてしまった
イス、ソファ、
テーブルに傘、
そして靴ー
“靴の人生”を
まっとうしたという意味で、
やはり輝かしい存在です。
靴の「おうち」が
幸せだったにせよ、
そうでなかったにせよ。

木々もそうですね。
神々しく、安らぎを与えて
　くれる木々は
季節とともにその姿を変え、
ものごとはすべて変わっていく、
ということを思い起こさせてくれます。
花。鳥。赤ちゃん。
わたしの大好きなものばかり。
なかでも一番好きなもの、
　　　それは犬。
わたしは何より、
　　犬に夢中なんです。

この本を 読んでいる
みなさんのなかには
いま犬を飼っていたり
むかし飼っていた人も
多いはず。
犬がどんなに愛(いと)しくて
愉快で 情にあふれた
忠実な「友人」か。
きっと あなたも
よくご存知でしょう。

犬はあなたの、
熱心な遊び仲間。

犬は、散歩のおとも。

あなたの、錨（いかり）

あなたの、
誇り。

あなたの ミューズ。

あなたのパーソナル・トレーナー。

あなたのベイビー。

あなたの抗うつ剤。
実際、この犬の名は
ゾロフト。
よく知られた
処方薬の名前です。

あなたの家族。
あなたの癒やし。
あなたの救い主。
あなたの“連れ”。

　長年にわたる仕事をふりかえって
みると、自分があまりにも犬好きな
ことに驚き、面白いなあと思って
しまいます。

ストーリーに関係あろうとなかろうと、
あらゆる作品に、犬がきまって登場して
いるのですから。
犬はわたしを笑わせ、心を暖（あたた）めてくれます。
でも、昔からそうだったわけではないのです。

自分が飼い始めるまで、
大きかろうと、小さかろうと
犬は恐怖以外の
何物でもありませんでした。
犬に気を許してはいけない、
が当時の常識です。
一瞬でも目をはなしたスキに、
犬はのど笛にかみつき
頭を食いちぎってしまう。
……少なくとも、うちの母には
そう言い聞かせられたものです。

同じ犬

母の一家はベラルーシ出身
でした。
スルーシュ河そばのぬかるんだ
土地に並ぶ、小さな家が住まいです。
わたしの祖母は大の犬ぎらいで、
しかも極端なまでのきれい好き。
家じゅうがいつもピカピカに
掃除されている、
そんな小さな家に犬の入り込む
余地などありません。

一家でニューヨークのブロンクスに
移り住んだとき、うちの母は
祖母と同じように、アパートメントを
ピカピカにみがき上げたものです。
でもここで わたしたちは、
『ヴォーグ』や『ライフ』といった
雑誌を読むようになります。
誌面を飾るのは美しい住まいに
住む、うるわしい人たち。
そして彼らはかならず、犬を
何頭も飼っていたのです。

この人たちはなにをして 暮らしているのかしら？ 犬はにおわないのかしら？

抜け毛は？　首に食らいついたりしないのかしら？

年月はすぎ、
わたしは大学でハンガリー生まれの
青年に恋をします。
名前は チボー。
彼はわたしが はいていたパープルの
水玉模様のミニスカートが気になり、
わたしは彼の革ジャンと タバコに
興味をもちました。
彼がしたかったのは、大学封鎖（だいがくふうさ）と
政権打倒（せいけんだとう）。
でも実現はしませんでした。
わたしがしたかったのは
ボヘミアンなカフェで難解（なんかい）な詩を書き、
彼に赤いセーターを編んであげること。
これは実現しました。

ある日、チボーの実家に連れて行かれます。
ご両親は犬を飼っていました。

大きくて真っ黒、よだれまみれで
毛むくじゃらなハンガリー系のそのケモノは、
ボガンチという名前でした。わたしは
つつましく、一定の距離をたもっていました。
（犬からも、ご両親からも）。
カチコチになりながら、かろうじて
頭をなでることだけはできました。
（もちろん犬の）
犬に背中を見せないよう、注意を
払いつづけるのには ずいぶんと
骨が折れました。
犬は飢えた顔つきでしたし、
わたしがハンガリー語を話せない
のが明らかに気に入らないようすでした。

断っておきますが、ハンガリー語は
習得するのがとてもむずかしい
言語なんですよ。

時は流れ、わたしとチボーは結婚します。
2人の子どもに恵まれました。
ともに楽しい時をすごし、愛情たっぷり、
言い争い（つまりケンカ）もたっぷり、
旅行にもたくさん出かけました。
子どもたちもよい子に育ってくれて、
だれかがだれかにプリプリ腹を
たてることもたまに（いえ、しばしば）
ありはしましたが、とても仲のよい
一家でした。
そしてある忌まわしい日に、
わたしの夫は病に倒れます。
とてもスケールの大きな人間で、
不屈の魂をそなえたわが愛する夫は、
死を宣告されてしまうのです。

ある人が言いました。
犬を飼いなさい、と。

わたしは思います。
それは無理。
チボーが生死の境にあって
望みもすべて断たれた今、
知らないことに手を出すなんて
ありえない。
犬など飼えるわけがない、と。
しかし、自分でも説明がつかない
のですが
考えがとつぜん方向転換します。
頭の奥底で気づいたのです。
犬を飼うのは子どもたちにとって
よいことだ、と。
わたしはイエスと答えました。

ピンク・シャンパーニュの色をしたその
アイリッシュ・ウィートンという種類の犬を、
わたしたちは**ピート**と名づけました。
当初さわるのも怖（こわ）かったわたしは、
次第に、いえむしろ猛スピードで、
ピートに夢中になっていきます。
散歩に出かけては、立ち止まって
だれかとおしゃべりをしたり、
ただ景色をいっしょにながめたり。
一日中、ピートはわたしの
そばから片時も離れることなく
夜もベッドそばの床で眠りに
つくのでした。

OH

ピートは絵のモデルに
なってくれました。
彼の忍耐力が
ためされるような
装いをさせられて。

本の主人公にもなって
もらいました。
正気をたもつことが
できたのも、
ウキウキした気分に
なれたのも、
ピートの
おかげだと
みんなが言って
くれました。
それってなかなかできる
事じゃありませんよね。
でも、犬にとっては
特別なことじゃない。

チボーが亡くなったとき、
世界は終わりを告げました。
でも、世界が終わることは
ありませんでした。
これは、人生で教わる
たいせつなことの
ひとつです。

TIBOR

8年たって、こんどはピートが
病気になったとき、わたしたちは
とにかくピートの命を長らえようと
こころみるばかりでした。
さようならが言えなかったからです。
ピートがこの世を去ったのは、
大みそかの日。
真っ白な雪の毛布にふんわり覆われた
町は、とても静かでした。
ジェイムズ・ジョイスの小説
「死せる人々」からの一節で
この文章を締めくくりましょう。
「…雪はしんしんと世界にあまねく舞い下り、
すべての生けるものと死せるものの上に
彼らの最期にも似たおだやかさで
降り積もるのだった。」

この本は、直接または本の中で
わたしがこれまで出会った
数々の犬たちの総まとめであり、
彼らへの賛辞でもあります。
今この瞬間を精一杯いつくしみ、
無償の愛を伝えることによって、
人生は輝きをもたらす。
犬は常にそう気づかせてくれます。
人をふっと優しく素直にさせ、
だれかに何かしてあげたくなる。
犬を愛（いと）しく思う心には、
そんな力があるんです。

マイラ・カルマンが
じっさいに出会ったり
物語に登場
させたりした
わんちゃんたち

1986年〜現在
本や雑誌に掲載された
イラストレーションからセレクト

ママに赤ちゃんが

産まれました。

『ステイ・アップ・レイト』より

あそこで

すやすや眠っています。

ほにゅうびんで

ミルクを飲んだり

お皿から

ものを食べてみたり。

「おおきなものがたり」

とっても大きな女の人が
真っ赤なドレスで歩いてきます。
より目のわんちゃん3びきつれて。

黄色いくるまを見たわんちゃんがほえはじめ、
ほえる声で目をさましたアイダおばさんが
たちまち歌をうたいはじめます。
歌声で目をさましたモリスおじさんは、
たちまち踊りだすのでした。

『ウィリー見てごらんなさい、あのピラミッド』より

「みどりのぼうし」

3びきのより目のわんちゃんは
おなかがすきました。
高級レストランに出かけ、
よい席に案内してもらいます。

レストランでは
みどりのぼうしをかぶった女の人が
青い背広を着た男の人の
写真をとっていました。
テーブルのお花が
えもいえぬ甘い香りを
ただよわせています。

「つまさき歩きのものがたり」

アイダおばさんとモリスおじさんは
犬を飼っています。
名前はマックス。
パリに住んで詩人になるのが夢でした。
ある夜のことマックスは
スーツケースをかかえて廊下(ろうか)をつまさき歩き。
こっそり家から逃げだすところです。
アイダはモリスに言いました。
「モリス、早く犬をつかまえて」

「マックスの詩」

ゆううつになったマックスは
カフェに出かけ、
ブラックコーヒーとビスケットを注文します。
そしてこんな詩を書きました。

「あの男の子、すごいな
頭に箱をのっけてる
ブレッド（パン）を買いにいくのかな
名前はフレッドっていうのかな
むこうには、スパゲッティみたいに
細長い女の人が
水玉模様の靴をはいている
見たことあるかい、あんなに赤い鼻？」

ぼくの名前はマックス。
夢みるマックス。
詩人のマックス。
犬のマックス。

ぼくの夢はパリに住むこと。
パリに住んで詩人になるんだ。

『マックス、ニューヨークで成功する』より

パリ。
夢のまち。
光のまち。
恋のまち。

だけど
犬の
ぶん
ざいで
茶色の
小さい
スーツケースを
手にベレー
帽かぶって
飛行機にひょいと
乗り込むなんて、
できることだと
思うかい？　まさかね！
なんたってお金がかかるんだ。
金、金、金。
ちっともぼくはもってない。
だって詩集をだれも
買ってくれないから。
ぼくは一文無しなのさ。

でもいつか、
世界じゅうの
ふとっちょ家族や
やせっぽち家族が
ぼくの詩を読んでくれるにちがいない。
笑って泣いてくれるんだ。
ほねのそこから感じている。

ぼくが言いたいのはね
夢はなによりたいせつっていうことさ。

ぼくはアイダとモリスと暮らしている。このストランヴィンスキー夫妻の住まいはとっても広いんだ。

モリスは婦人靴のお店をやっていて毎日お店に出かけては女の人たちにいろんな靴をすすめてあげる。

パンプス、サンダル、スリッパにミュール。

モリスと助手のローラはシバの女王がはく靴をデザインしているんだよ。

シバの女王ってとってもうるさい女性なんだろう。

だって、やっかいな客が帰るとモリスがいつも言うからね。

「何さまのつもりだ？

シバの女王気取りかい？」ってね。

かたやアイダは
よそでタンゴのレッスンを。
先生はモーリス・シャガールさん。

先生の頭にはまっくろ大きな
リーゼントの髪がテッカテカ。
足元にはつまさき
のとがった小さな
靴が
ピッカピカ。

親愛なるみなさんへ。
これまで本当にありがとう。

生まれてずっと
待ちこがれていた日がきました。
ぼくは旅立ちます。

パリへ向かうよ、夢をおいかけて。
アイダもモリスも気をおとさないで。
また会いましょう、あこがれのパリで。
いつだって夢を忘れず生きてきたぼくさ。
やっと夢がかなうんだ。
原点をわすれず、未来へはばたく。
原点をわすれず、未来へはばたく。
もう行かなきゃ、
これにて失敬（しっけい）というわけさ。

さようなら。
おげんきで。
グッドバイ。
よーし！

『ウーララー！　マックス、パリで恋をする』より

「アロー？　アロー、ジャック？
わたしよ、ミミよ、ウィ、ウィ。
いまキキと電話していたの。
ノン、フィフィじゃないわよ、キキよ。
聞いて、ズズがルルに電話して
ルルがココに電話して
ココがキキに電話して
キキがわたしに電話したの。
知ってる？　マックスが来てるってうわさで
パリ中がもちきりよ！
マックスってだれかって？
知らないなんてモン・デュー！
ありえないわサクレブリュー！
世界一のクールなキャット、
あらまちがったわ、ホットなドッグなの。
その名をマックス・ストラヴィンスキー。
ニューヨークの詩人なの。
そのボヘミアンなビーグル犬が
いまマダム・カマンベールのおうちに泊まっ
ているんですって。
パリで何するのか知らないけれど
ちょっとタルト・タタンに電話してみるわ。
タルトならフレデリコ・デ・ポテト男爵からな
んでも聞き出しちゃうから。
あのインチキ男爵イモよ、
けっこんサギ師だかうらない師だか知らない
けど、
とっても情報通だからタルトにいつも最新の
うわさを教えてくれるんですって。
あらら電話切らなきゃ！
すっかりスフレがしぼんじゃったわ。
ねえジャック、なんだかワクワクしないこと？

みどりの葉っぱと
リラの花咲き乱れ
パリの
空気を吸いこんで。
そう、
いまは4月

こっちにバゲット
あっちにお菓子のナポレオン、
ぼくはゆっくり
散歩する
ハトと同じ
灰色をした
とびきり小粋な
この町を。

美術館を出たら、
心臓がとまりそうな光景に出くわした。
ある男が、舗道といい
建物といい、くるまや木々といい
あらゆるものに詩を書きこんでいた。
詩の切れはしがくるまに乗って
パリをびゅんびゅん、かけめぐるんだ。

そして枝から木の葉が散るたびに
ことばがひらひらまいおちる。

ぼくは歩きつづけた。
きみょうな気分で
なにかが起こりそうな予感がする。

「アロー、ジャック？　わたし、ミミよ。
今日はさんざんだったわ、お肉屋さんたら配達をまちがったの。
うちのワンちゃんスッジィのために、スパイシーなサラミ60本とステキなステーキを1枚たのんだのに、60枚のステーキとスイートなサラミ1本をよこしてきたんだから。
でね、ルイ・ラムールがやってきて3時間も泣いていったのよ。
愛する恋人ルーラ・ファビュラがサーカス団について行ってしまったんですって、ヘビつかいになるのよって！
キテレツな人ね。
で、マックスの最新情報よ。
ものうげな顔で出歩いてるのをみんなが見ているのよ。
むつかしい顔してふらふら歩いている。
わたしにはわかるわ。
ラブよ、ジャック、ラムールなのよ。
恋を探しもとめて恋がしたくて、恋にひたすらあこがれているのよ、マックスは。
ラブ・ラブ・ラブ・ラブ、恋の予感。すてきじゃないこと？
あら電話もう切らなきゃ、ムースがすっかり溶けちゃったわ。じゃあね」

その後はみなさん
ご存じのとおり。
クレープはぼくと一緒に
ハリウッドへひっこして、
ぼくの映画のために作曲をし
てくれるんだ。
パリ生活さいごの日には
犬の日パレードをふたりで先頭
きって歩いたよ。
そしてこの日のために書いた詩を
読みあげたんだ。
「粋なパリが
ひときわ粋にかがやく今日この日。
シャンゼリゼ大通りを
わんちゃんたちがかっぽする。
グレートデーンは愛を語りあい
ピンク・プードルは足も高々さっそうと。
それはもう目を見はるほどの
豪華なわんちゃんファッションショー。
おしゃれにめかしこみ、ゆったり半マイルも
歩いたらマキシム・ド・パリで打ち上げだ。
シャンパーニュとキャビアとロマンス
生まれる、世界最高のお店だよ。
人生にかんぱい、
恋にかんぱいを！
サリュー！　オーレ！
ロサンゼルスに出発だ！

さえずる木々。
みどりもえる小鳥たち。
今日もしゃきっと一日がはじまった。
さあ目をさまして、犬のピートと遊んじゃおう。
ぼうきれでイスを作ったり、
チューインガムを
かんでみたり。

『次はグランドセントラル駅』より

または
ぜんぜん
何も
しないとか。

でも、

いま
あなたが
そこに
腰かけている
この時にも、
ニューヨークという町には
とんでもなくおおぜいの人がいて
ビュンビュン目まぐるしい
大きな場所があるのです。
電車がとまるその駅の名は
グランドセントラルというのです。

いつかあなたも行くかもね。（行ってみて！）

グランドっていうだけあって
見るものすべてが豪華(グランド)でとてつもなく広いのです！
巨大な階段、
大理石(だいりせき)をみがきあげた床。
星いっぱいの天井も、
気が遠くなるほど
大きくて。
TRACK 20
ぼくの写真
とらないで。

毎日
50万もの人びとが
ここを歩いて、走って、かけだして
せわしなく電車に乗り降りしている。
とんでもなくけたたましいものだから
人はやかましい所に来るとよく
まるで グランドセントラル駅みたい！って言うくらい。
どうやって毎日をこなしているのでしょう？
だれがどんな仕事をしているのでしょうか。
なにが一体、だれに、どんな風に？
21TRACK21
TICKET

Woof
この部屋こそ
もっともたいせつな
場所なのです。
フランク・
チデスターさんは
おとしもの係。
赤いボタンでも、
ダイヤモンドいっぱいの
スーツケースでも、入れ歯でも、
なくしたものは、
たいがいチデスターさんが
見つけてくれます。
おとしものが「ほえる」ということは
まずはないことなのですが
でもある日のこと…

…その日、
クラレンス・
ファッフェンバー
ガー夫人は
わんちゃんコンテストの常連、
飼い犬ミッツィをつれて
ダリエンという町から
コネチカット州グリニッジでの
お茶会に、
電車で向かっていました。
うっかりものの
ファッフェンバーガー夫人は
グリニッジ駅でおりたとき、
はっと気づいて、もうまっさお！
なんと、ミッツィを電車に
置き忘れていたのです。

でもすぐにことなきをえます。
チデスターさんが見つけてくれて
家まで送りとどけてくれたのです。
ミッツィ専用の電車にのせて。

夜の6時、グランドセントラル駅のヴァンダービルト広場では
たいそうにぎやかなお祝いが。（ヴァンダービルトというのは
1903年にこの駅を作った人の名前です。）
歌手のオルガ・シュメドヴィッグが
うたを歌っています。
オルガがかん高い声をだすたびに、
電車出発のホイッスルとまちがえて、
みんながプラットフォームに
かけ出します。

ハーバート・ムースハンプは、もう
とっても楽しくって、ちっちゃな
アーヴィン・ピルくんもお
おはしゃぎ。アーヴィンは
その後、ゆうめいな科
学者になるんですよ。
それはね、彼がまいにち
ビーツを
食べた
から！
this is fascinating

ポピー・ワイズ。

これは
弟の
ムーキーです。

『ピートが食べたもの A to Z』より

こちらが飼い犬のピート。

よいわんちゃんなの。
とってももよい子。
でも、たまにそうじゃない
時もあって、ぜったい
食べちゃいけないものを
食べちゃうんです。たとえば？
じゃあまずAからはじめましょう。

a
A
a
apple
ピートは
いとこのロッキーの
accoRDion
(アコーディオン)を
食べちゃいました。

それも all

（まるごと）

b B b
BALL
BOB'S
FEZ
F

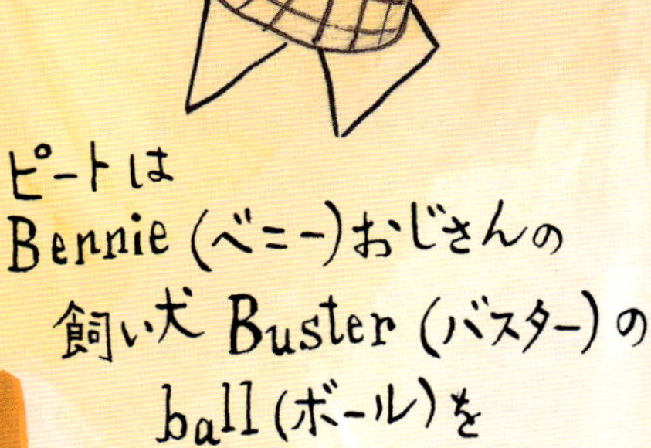

ピートは
Bennie（べニー）おじさんの
飼い犬Buster（バスター）の
ball（ボール）を
食べちゃいました。

（バスターはほえてばかりで手がやける
子なのです。
でも それとこれとは別の話）

Bennie(ベニー)が住んでいるbeautiful(すてきな)部屋に
bed(ベッド)、book(本)、box(はこ)、
bottle(ビン)入りの水が
ありました。
(そのほか、
Bではじまらない
いろんなものたちも、
ね)

L
ℓ
l
Lucky Dog Show（ラッキー・ドッグ・ショー）では
leashes（リード）をぜんぶ食べちゃって わんちゃんがみんな
let loose（逃げだしちゃった）。

逃げ出したわんちゃんたちは lemon tarts（レモンタルト）を
全部たいらげて lemonade（レモネード）をぜんぶのみほしちゃって
パセリ夫人はもう livid（カンカン）です。

now(もう)
ベニーは、
none(すっからかん)の no money to buy(金欠)で
バスターに新しいボールを買ってやれません。何ページか前に
ピートが
食べちゃった
あのボールの
ことですよ。
「ピートのやつは
nuts(けしからん)」
とバスター。
n N n

Twinkle Twins (ふたごのキラキラ姉妹) は Twinky (キララちゃん) という犬を飼っていました。見た目は変わっているけれど their things (ひとのもの) を食べちゃうような子では ありません。

『リンカーンを見つめて』より

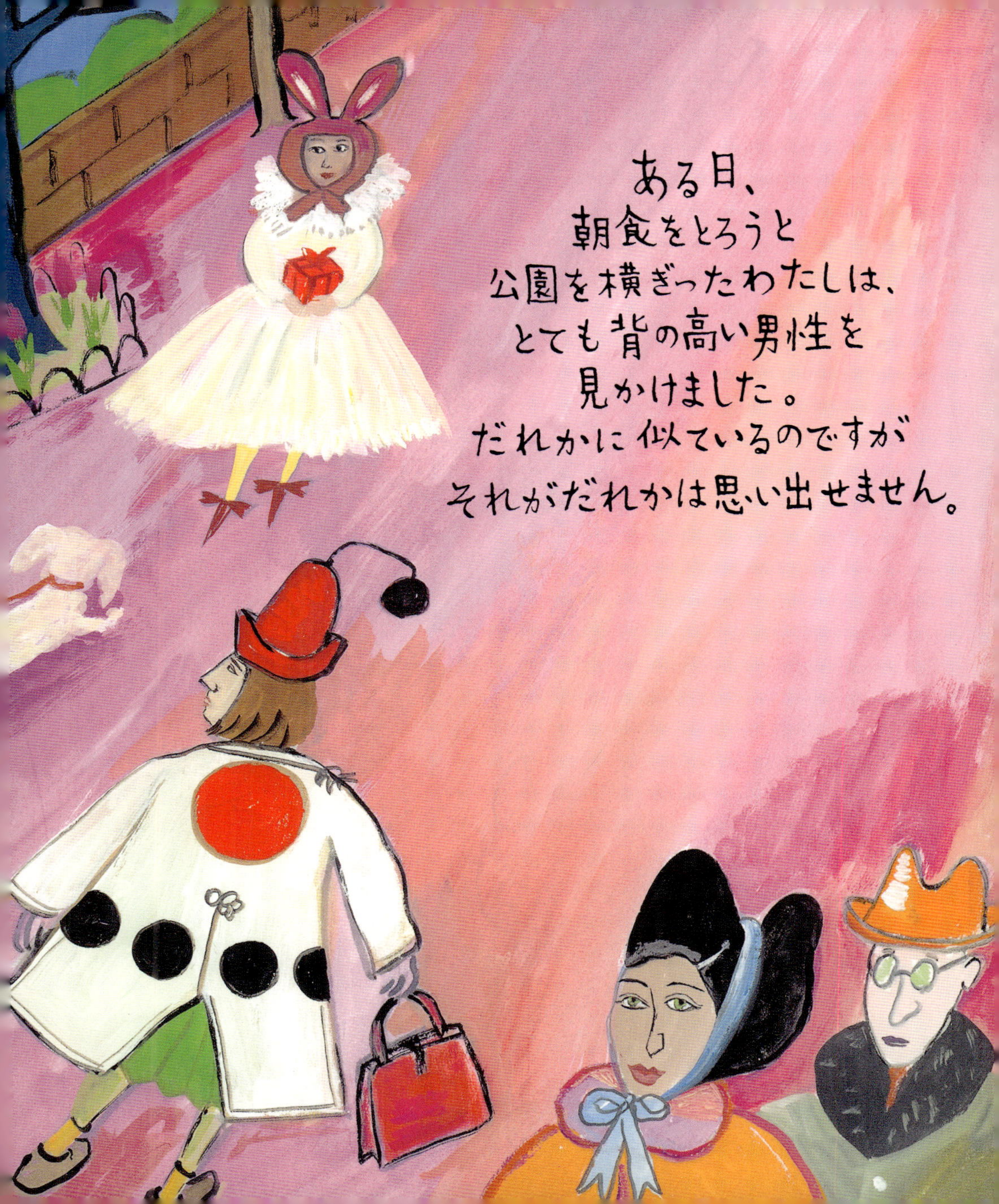
ある日、
朝食をとろうと
公園を横ぎったわたしは、
とても背の高い男性を
見かけました。
だれかに似ているのですが
それがだれかは思い出せません。

彼には心から愛する家族がいました。
奥さんのメアリはとても小さな人で、4人の男の子たちは
笑い声いっぱい、友だちもいっぱい、
ちょっと元気すぎるくらいかけまわったりも。

メアリとエイブラハムはおたがいに
ニックネームで呼びあったりしたのかしら？
だんなさんをリンキィと呼んだり
奥さんをちっちゃな丸っちょさん、と
呼んだりしたかしら？
そんなふうにしたのかも。

必死に働いたエイブは
やがて政治に興味をいだきます。
大統領に立候補しようと決心し
1861年3月4日、
アメリカ合衆国の大統領に就任しました。

エイブラハム・リンカーンは
永遠に生きつづけます。
春のワシントンDCへ
行けば、

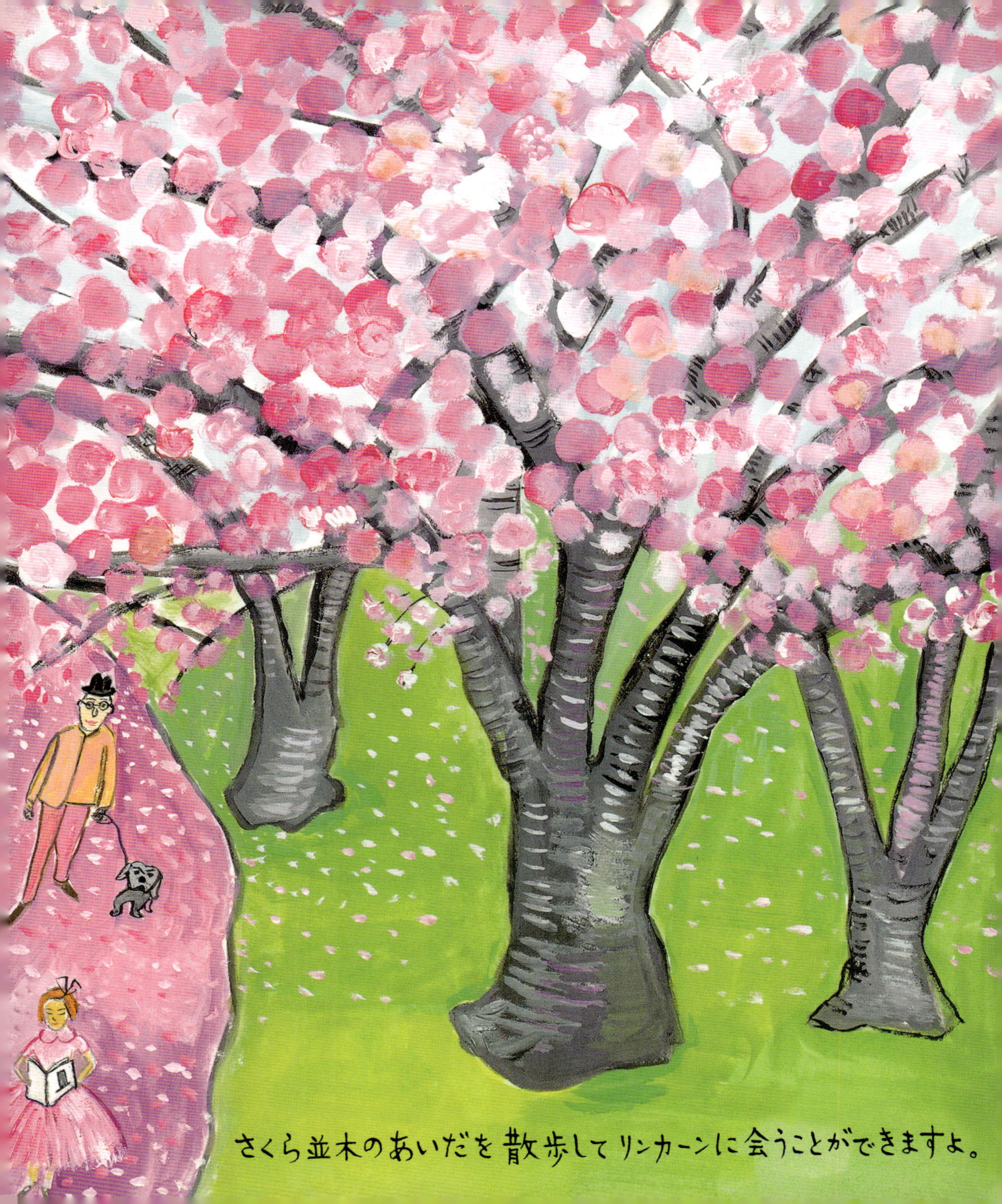
さくら並木のあいだを散歩してリンカーンに会うことができますよ。

リンカーン記念堂では南北戦争の終わるころに
彼が書いたことばを読むことができます。

「だれに対しても悪意をいだかず、
慈悲の心で接すること」

そして彼の美しいひとみを見つめるのです。
ただひたすらに。

4番目のことば：

いぬ

箱の中からあらわれたのは
イチゴのショートケーキ。

『13のことば』より

「これでちょっとは気分もはれるかな？
ふたりでいっしょに食べようよ」
と、犬は言いました。
犬と鳥はテーブルにつき
ケーキを分けて食べました。

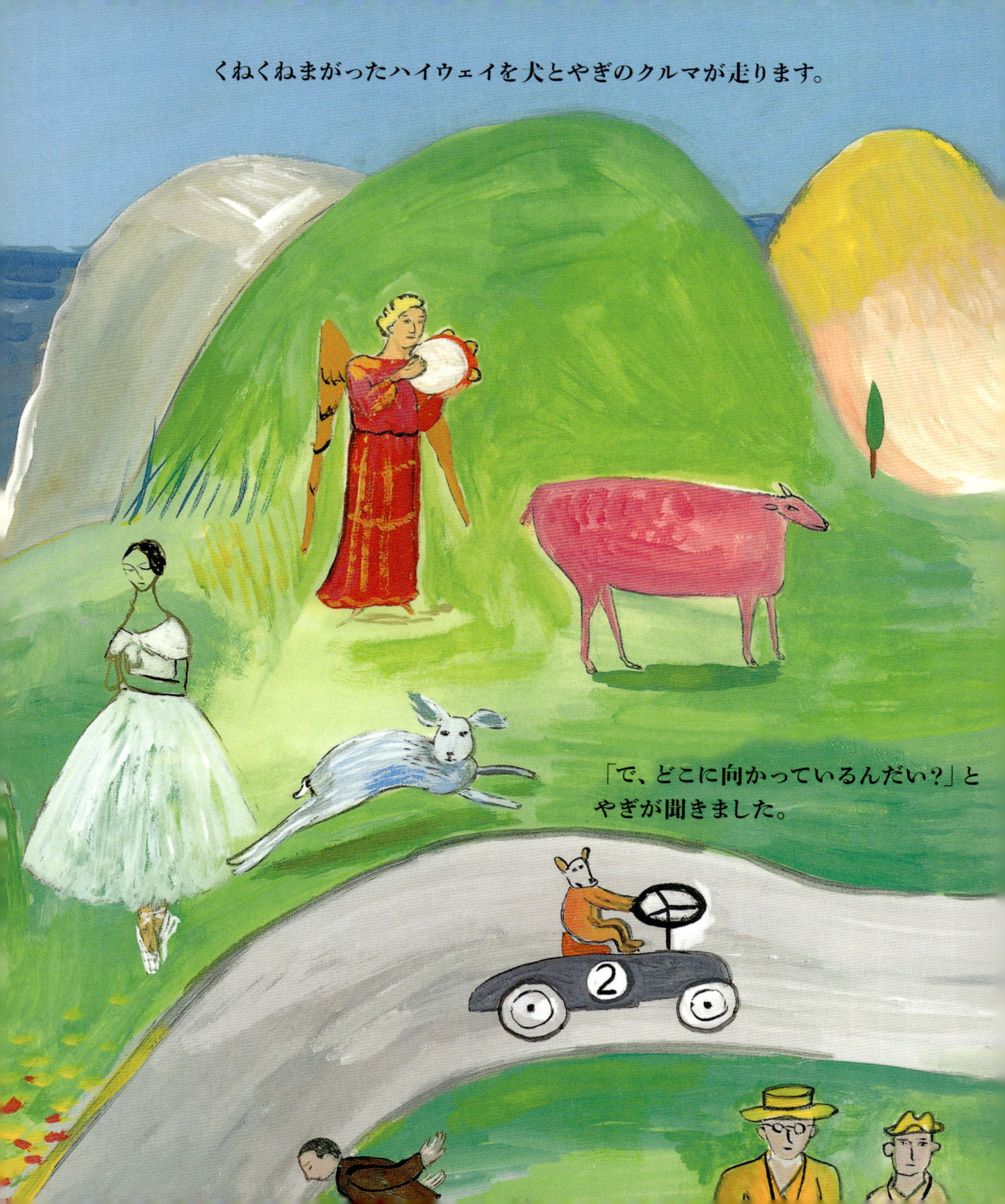
くねくねまがったハイウェイを犬とやぎのクルマが走ります。
「で、どこに向かっているんだい？」と
やぎが聞きました。
2

犬はこんなふうに答えます。
「鳥はいまハシゴにペンキを一生けんめいぬっている。
でも何だかさみしそうなんだ、ケーキだって
食べたのに。
だから元気になるものを探してあげたくて」

12番目のことば：　パナッシェ

自分と鳥にぴったりのぼうしを犬はようやく見つけます。お店のベイビーはそれぞれを箱に入れながら「2つともパナッシェでいっぱいですよ」と言いました。「パナッシェって羽根飾りのことかい？」と犬が聞きます。

「もちろん羽根の意味もあるけれど、要はすてきなおしゃれのときめきよ。自信がわいて、なんだかはつらつとする感じ。わかるかしら？」とベイビーが答えます。

「わかるよ」と犬。オープンカーのクラクションをやぎが高らかに鳴らしました。

犬とやぎはオープンカーにのり
もと来た道を家にむかって走らせました。
胸をどきどきさせながら。

『エレメンツ・オブ・スタイル』より

WELL, SUSAN, THIS IS A FINE MESS YOU ARE IN.

（スーザン、ややこしい事態を招いちゃったわね。）

BREAD AND BUTTER WAS ALL SHE SERVED.

（パンとバター。彼女が出したのはそれだけでした。）

NONE OF US IS PERFECT.

（完全な人などいない。）

8
18

SHAKESPEARE

ウィリアム・ストランク・ジュニア教授（左）と教え子で『エレメンツ・オブ・スタイル』の共著者となったE.B. ホワイト（右）。英語文章のルールブックの金字塔として読み継がれてきた本にマイラはイラストをつけて、新しい命を吹き込んだ。

『不確実性の法則』より

デザート

口紅（くちべに）

日曜のひるさがり

『フード・ルール』より

gimme
coffee

『わたしの好きなもの』より

芝生の上であいましょう。
あなたの写真がとりたいの。

『インタビュー』誌より

ケイト・スペードのマルチーズ、ヘンリー。

ヴァレンティノのパグ犬、モリーとマギー。

クルプニック について。
ポーランドのスープ、
クルプニックから名づけられた
この犬は わたしの
大のお気に入り。
テルアビブの本屋に住んで
いますが 本はほとんど
読みません。
彼女はまるでフランスの哲学者の
モンテーニュのように自分のことが
大好きで 人のことなどまるで
おかまいなしなのです。

『ニューヨーカー』誌より

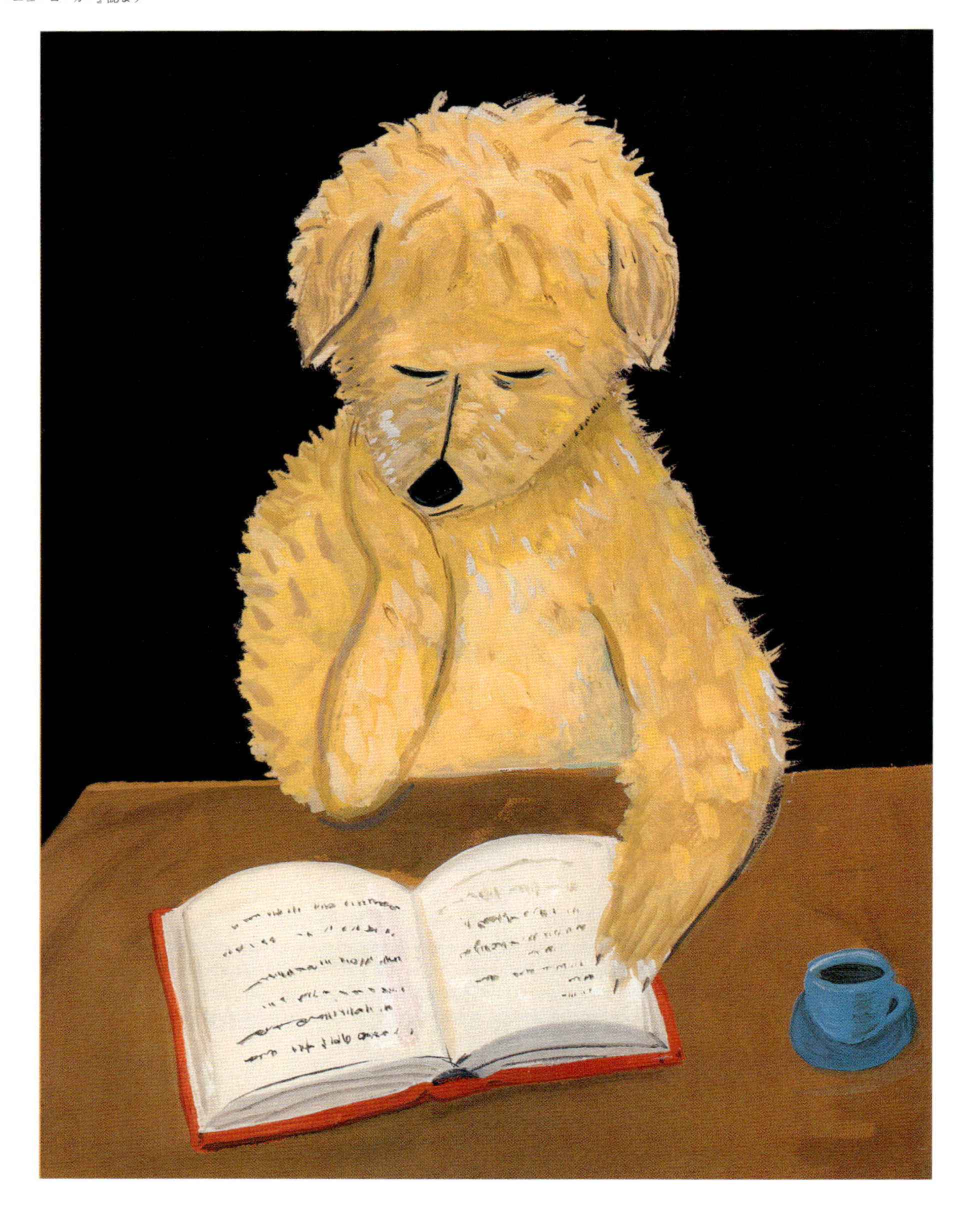

「わたしが わたしで いられるのは、
この子が わたしを 理解してくれているから」ガートルード・スタイン

「犬のなかには、
知識と疑問と答えの
すべてが存在している」

フランツ・カフカ

ピートと暮らしていたころ
わたしはよくこうお願いしました。
なにかひとこと話してちょうだい。
ひとことでいいから。
それはあの世へいった大切な人の
声をひとこと聞きたいと願うのと
同じこと。今もそばにいるよと
知らせてほしいだけ。
そのひとことが聞こえることは
ないけれど、つい奇跡を
願わずにはいられないのです。
だからピートにひとこと言ってと
頼んだものです。
ピートはなにも言いませんでした。でも、
たくさんのことを語って聞かせてくれた
のです。ことばは使わずにね。

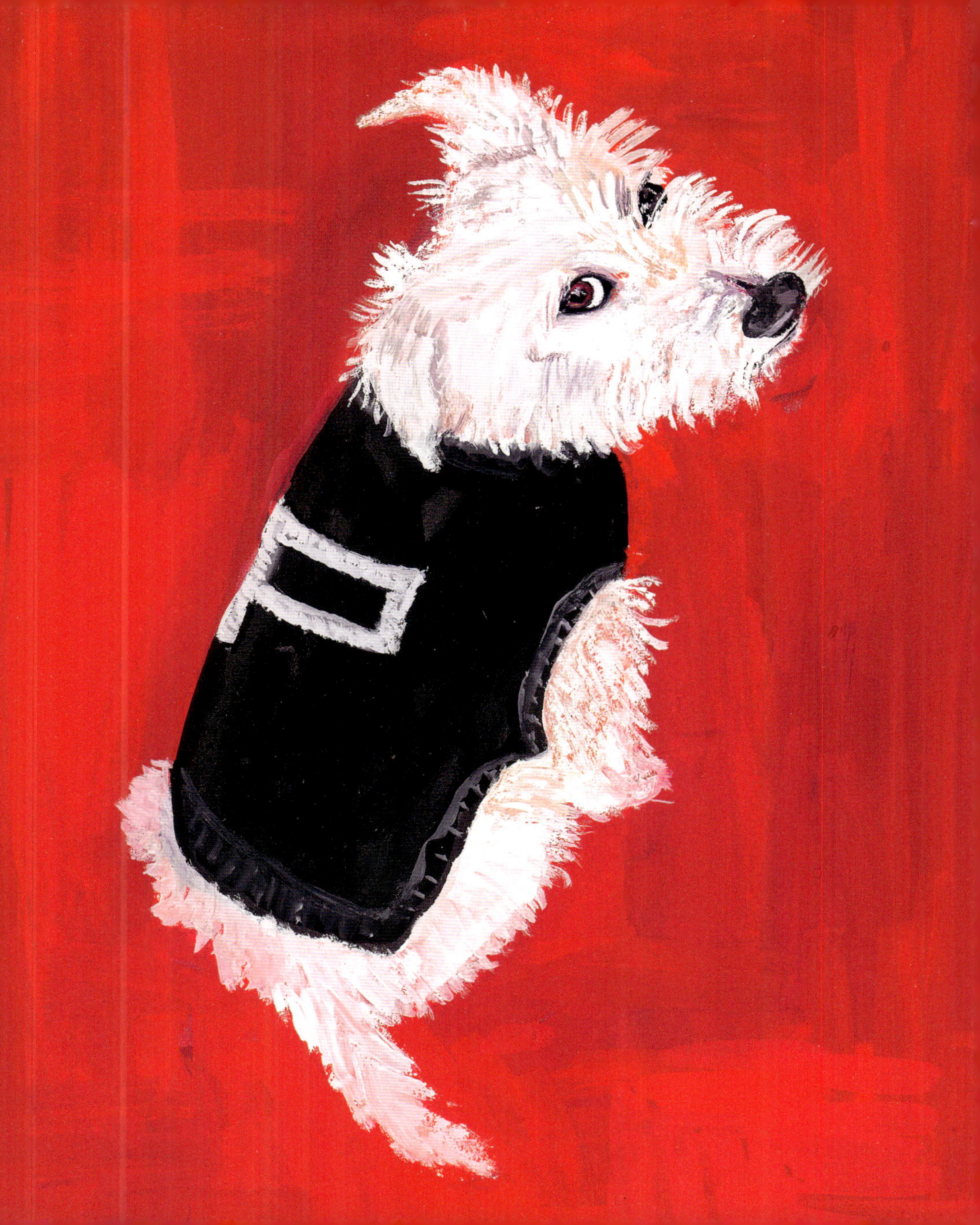

ありがとう、スプーナー

ありがとう、バッキー

ありがとう、
チャッド

ありがとう、
トースト

ありがとう、
ヴィッキー

著者マイラ・カルマンと愛犬ピート

たいせつなきみ

犬が教えてくれたこと

2018年8月20日　第1版第1刷発行

著　者　マイラ・カルマン
訳　者　吉田実香＆デイヴィッド・G・インバー

日本語手書き文字　赤井稚佳
デザイン　角谷慶（Su-）

発行者　矢部敬一
発行所　株式会社 創元社
〈本　　社〉〒541-0047 大阪市中央区淡路町4-3-6　電話 06-6231-9010
〈東京支店〉〒101-0051 東京都千代田区神田神保町1-2 田辺ビル　電話 03-6811-0662
〈ホームページ〉http://www.sogensha.co.jp/

印　刷　図書印刷株式会社

©2018, Printed in Japan　ISBN978-4-422-70115-8 C0098
乱丁・落丁本はお取り替えいたします。定価はカバーに表示してあります。

GOOD DOG MARLAIS.
I OFTEN JUMP FOR JOY FOR NO REASON.
I AM MAX. POET. DReamer. DOG.
CHeeRS FROM PETE TO ALL IN JAPAN.
LITTLE OLIVE.